川本谕的植物美学教室

Deco Room with Plants

here and there

日日是好日

Satoshi Kawamoto

[日]川本谕————著　陈妍雯————译

中信出版集团 | 北京

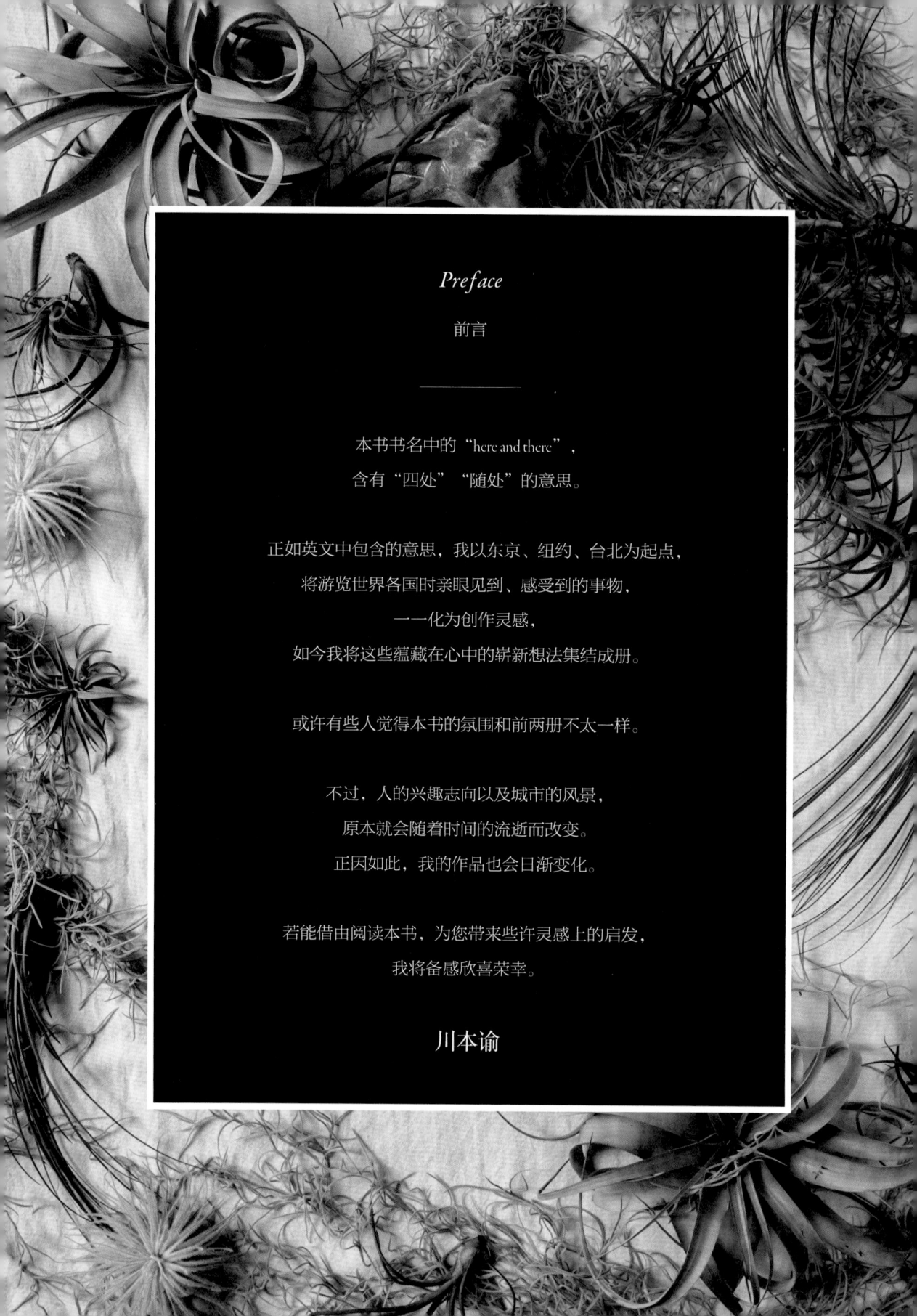

Preface

前言

———————

本书书名中的 "here and there"，
含有 "四处" "随处" 的意思。

正如英文中包含的意思，我以东京、纽约、台北为起点，
将游览世界各国时亲眼见到、感受到的事物，
一一化为创作灵感，
如今我将这些蕴藏在心中的崭新想法集结成册。

或许有些人觉得本书的氛围和前两册不太一样。

不过，人的兴趣志向以及城市的风景，
原本就会随着时间的流逝而改变。
正因如此，我的作品也会日渐变化。

若能借由阅读本书，为您带来些许灵感上的启发，
我将备感欣喜荣幸。

川本谕

CONTENTS　目录

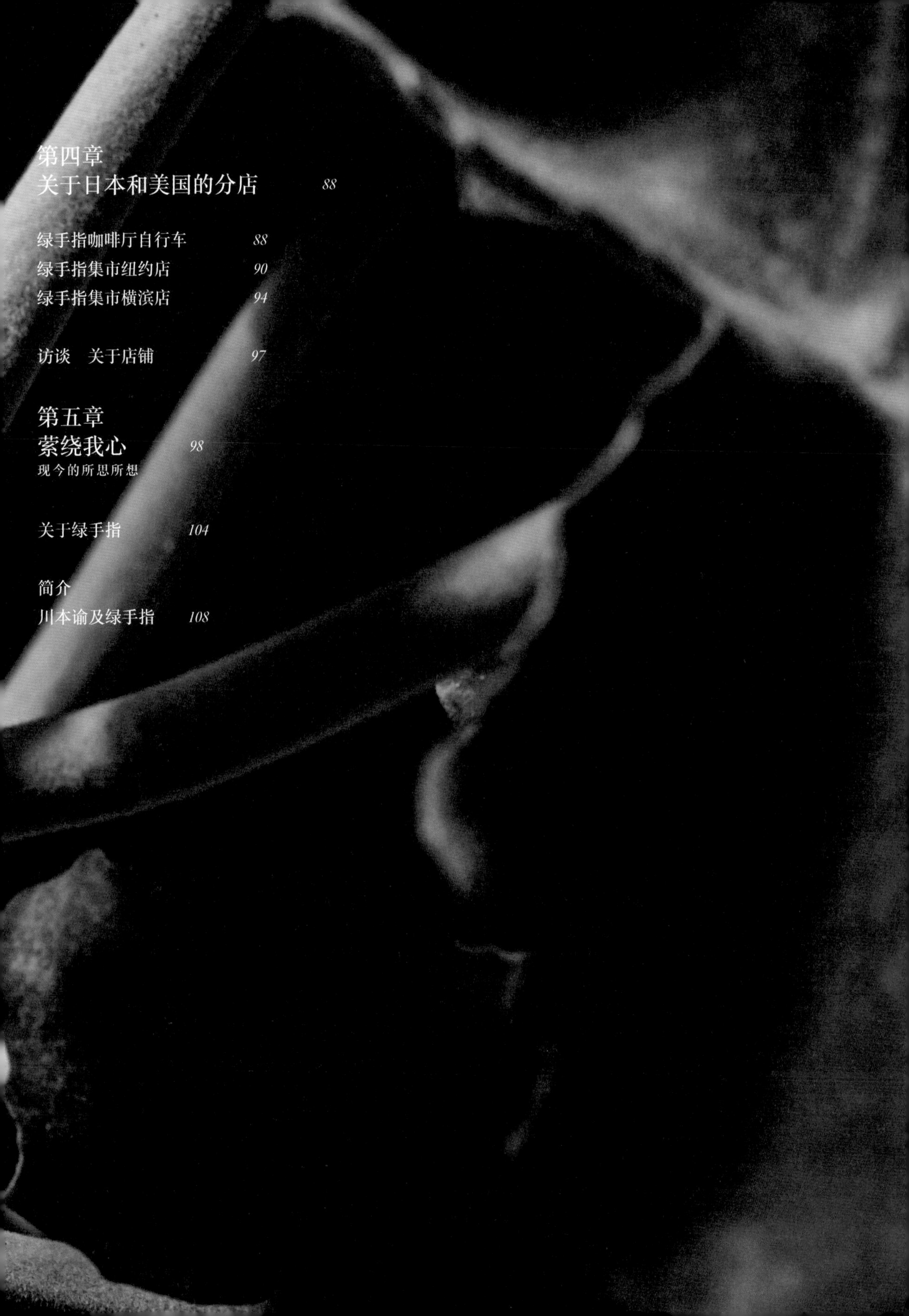

第一章

HOUSE STYLING

居家风格

川本谕住所的布置

负责过许多海外项目与艺术作品的川本谕，如今他在日本的住所产生了变化。从在第一册《与植物一起生活》中出现过的平房，搬至二层楼的独栋住宅。在这个时期搬家，正好成为展现川本当下风格的绝佳机会。以纽约的生活为开端，经由各式各样的邂逅与工作孕育而成的设计灵感，如今反映在装饰风格上，展现出更加精致考究的设计，想必会令人为之倾心。

玄关

玄关可以说是一个家的颜面。将开门时出现在正前方的整面墙都加以装饰，我选择了能够映衬灰色墙面的白色小物，例如法国巴黎陶瓷店 Astier de Villatte 的瓷盘、古董钥匙、时钟面板等，以及许多从其他地方陆陆续续搜集而来的小配件。自行车是专为绿手指（GREEN FINGERS）量身打造的，来自美国西海岸品牌莱纳斯（Linus）自行车。不仅外形时尚，骑乘的舒适度和功能性都能满足个人要求。一辆合心合意的自行车是时尚生活的必需品。

玄关

如果在玄关处放置太过粗犷的植物，可能会因为植株较大，导致进出门困难的情况。不妨选择仙人掌、空气凤梨等叶片少、外形简单的植物，随意添置在玄关处，让植物与周围的布置融合在一起，效果更好。结合色调统一的装饰物，给人精致的感觉。

地板铺着法国制的古董瓷砖，看起来就像一片完整的地板。瓷砖之间的缝隙，则以小石子填满。装饰墙壁时，使用大头针之类最简单的钉子，便能完整保留饰品的风格。

客厅和餐厅

这栋屋子的客厅十分明亮，因此无须在意日照时间，放置什么植物都可以，这点十分令人开心。像这样客厅、餐厅比较大的房子，如果选用体积较大、风格粗犷的树木类植物，就可以制造出空间里的亮点。以比较低矮的植物布置时，建议将植物摆放在花台、凳子、椅子上以展现立体感。或高或矮的植物随意分散在整个空间时，自然而然就能打造出层次感。

GREEN FINGERS

NYC

S

挂在墙上的艺术装饰，是将废弃床铺的弹簧再利用，加上卡片
和空气凤梨改造而成的。印有"NYC"的三角旗和绿手指限定
推出的联名设计三角旗装饰在一起，帽子之类的物品也可以挂
在墙上当作装饰。白色书架上随意摆放的书和空气凤梨，表现
出的轻松随兴感正是布置重点。

开关是以前在太平洋家居（PACIFIC FURNITURE SERVICE）购买的。在细节上花点儿工夫，会更有动力打造自己想要的居家风格。只有灯罩和爱迪生复古灯泡构成的吊灯就很好看，加上空气凤梨，做成绿艺灯具也很不错。

长桌旁的植物放在工具包中。虽然直接放在桌上也不错，不过放在花台上更能有效利用空间，还能渲染整体氛围。玻璃罩中的植物是由人造花和苔藓组合而成的。搭配真正的植物，能够将玻璃罩中的世界表现得更丰富。玻璃罩的优点就是，无论从哪个角度都能欣赏植物的姿态。只要转动托盘，便能看见植物的不同面貌。

客厅和餐厅

盘子和烟灰缸是出国旅行时买回来的。将生活中或旅行时收集而来的小物，搭配植物正是我喜欢的风格。面对庭院的窗框上摆放着一列友人设计的烛台。旧书等以白色为基调的物品，既衬托了灰褐色的墙面，又完美地活用了狭小的空间。来自法国的军用布料用作窗帘，有效地活用了其粗糙结实的质地。

经过仿旧加工的墙面，是这栋房子里我最
喜欢的重点装饰。由铁桶加工而成的柜子，
是做于印度尼西亚，此处集中放置了各式
各样个人钟爱的物品，比如在法国购买的
人体结构海报、纳瓦霍族的小毛毯等，汇
聚了我在各个国家的回忆。

若是家中没有太多空间，可通过装饰柜子以展现个人风格。无论是一见钟情而购入的纳瓦霍人偶沙画、日本艺术家特别绘制的爱犬佐罗插画，还是可爱的瓶子、空气凤梨或其他植物都可以视同装饰品，用同样的心情来布置。放入大量植物和喜欢的物品的柜子，可轻松展现出主人的世界。

客厅和餐厅

随性摆放的小物件，每一件都有自己的故事。柜子里摆放叶片或茎蔓垂落的植物，从侧面看起来会更漂亮。

墙上挂着奇特的兔子标本，仿自传说中的生物——鹿角兔（jackalope）。集结了许多心爱物品的柜子，无论是布置还是欣赏都令人开心。即使只有一个柜子也无妨，希望大家能试试看。在考虑植物数量的同时，也要留意墙壁颜色与灯光是否符合自己的意愿。

窗台

享受阳光充足的大型窗台。窗台左侧摆放
了许多抱枕，打造出一个代替沙发、可以
坐着轻松休息的空间，右侧则像艺术作品
一样放满植物。铁丝篮以及各种花器随意
自由摆放。吊灯的外形比较可爱，因此刻
意将植物摆放得比较杂乱，以张弛有度的
层次感显现男性气息。日照充足的窗边，
是一处可以随个人喜好将植物任意摆放
的奢侈空间。

厨房

厨房的墙面用拼贴瓷砖装饰，是我非常喜欢的设计。
墙上贴着的几张食谱，也成了布置的一部分。橱柜的
门上，写满了印象深刻并留存于心的话语，或是鼓励
自己随心发展的句子，或是与饮食相关的词语。以轻
松随兴的笔触，描画出独具一格的手写字装饰。厨房
日后将改造成以海军蓝和黑色为基调的外观，因此现
在的墙面以洁净的白色瓷砖为主。

厨房

基本款的布窗帘实在太过无趣，于是我在窗帘轨道装上挂钩，吊起几盆植物作为垂帘——正好与窗外的庭院相映成趣。只要调整盆栽的悬挂高度，或加上铁链增添一些变化，就能显得更有层次感。试着将花盆放入绳编的篮子中，风格马上就不一样了。

活用墙面，以古董画框为主题，打造成充满艺术感的墙面。小巧的灯具是以前在喜爱的灯具店意外购入的。由于想加入植物学科的元素，因此在植物图鉴画框中加入了蕨类。深绿色的观叶植物，与白色墙面彼此衬托，若是以白墙来搭配带有斑纹的观叶类植物，则给人可爱的感觉。依喜好来调整即可。

厨房

厨房的窗台上摆放着玻璃瓶、天然石、莱俪（LALIQUE）的水晶玻璃鱼等饰品，能够欣赏饰品的透亮之美。在小巧的玻璃瓶中插入枝叶，就成了一个简单的盆栽，多摆几瓶，能够营造出华丽感。将修剪下来的枝叶插在玻璃瓶中，或是将两至三个同样的玻璃瓶摆在一起，也可以分别放在家里的不同角落，运用方式既简单又多元，请试试看吧。

I d... design
GARDENS.

I de... n...
DREAMS.

A house is made
of walls and
beams a home is
built with love
xxx and dreams.

BEEF or CHICKEN?

Look deep
NATU...
and then
understand
better. The
MOST → democ...
that o...
and designers
I'M NOT A HI...

Who loves me will love my dog.

will

rything

n is the

c tool

rtists **

re. **

R ...

For my part I know

I DON'T MISS YOU

NOTHING

with any ce

but the si

of the star

makes me

You are the butter to

Bread, and the breat

to my L.I.F.E.

YOU have to create somet

from noth

WHERE CHEFS EAT

WHERE CHEFS EAT

A Guide from the Real Experts

洗手间

洗手间的墙壁漆成深绿色。在狭小的独立空间里，即使玩点儿特别的色彩变化也不会破坏整体的居家气氛。囿于空间限制，因此只能选用蕨类等日照时间需求少也能健康生长的植物。灯具上方这样的狭小空间，物尽其用地陈列了摄影集和空气凤梨。卷筒卫生纸放在显眼的地方会有损氛围，因此堆在木箱中加以遮挡。

洗手间

为了让洗手间的墙面看起来清爽利落，我将相框整齐地垂直排列。中间的镜框，是第一件自己动手做旧加工的装饰品，充满了回忆。与其在洗手间摆放大型植物，不如随意摆放一株空气凤梨等小型植株，更引人注目。

浴室

喜爱湿气的蕨类植物，放在浴室里便显得生气
蓬勃。为了不让浅黄色的瓷砖墙面显得太过可
爱，以大型空气凤梨和蓝花楹装饰，便可以展
露些许野性风格。光线充足的窗边，通风和湿
度兼具，也可以摆放几盆植物。

浴室

这间以浅黄色为主色调的浴室，用深色系的沐浴用品来搭配比较理想。将毛巾收纳在置于复古木橱柜上方的铁丝篮中，开放式的布置也很讨人喜欢。

置鞋间

和之前的住处一样，我在二楼打造了一处
专门放鞋子的空间。原本用来存放蔬菜水
果的厚实木箱摞起来，就成了鞋柜。木箱
中放入小型的多肉植物，便能营造出温暖
的氛围。在圆形灯泡上贴上"SHOES"贴
纸的灵感，来自外国餐厅常见的灯具，自
己动手，简简单单就能制作出气氛绝佳的
饰品。

置鞋间

木箱中不只放鞋子，还贴上了喜欢的照片和宣传画，再随意涂鸦，装饰几个相框，看起来就像是一箱箱小小的艺术品。在空隙处穿插几盆多肉植物，不但整体看起来漂亮，箱子单一呈现时，也十分耐看。

卧室

卧室主墙贴上了偏灰的紫色壁纸，帐篷布吊挂在窗帘轨道上代替窗帘，微妙的透光程度很有气氛。卧室的风格来自纽约的饭店。床头两侧相对摆放着两盏台灯，呈现出左右对称的感觉。窗台上摆着一个用帆布袋装着的盆栽，代替了花瓶，再插入鲜花也不错，或是直接在袋子中随意放几枝干花，看起来也很帅气。

庭院

打造庭院时，不妨将整体想象成一个调色盘，这样会比较容易发挥。建造一个种满各种形状的植物的庭院很有趣，大部分人都是先选好主要的大型树种，再挑选小棵植物。哪种植物适合在哪种环境生长，基本上要看植物的特性，不过还是要实际种植才会知道。向园艺店寻求建议，表达自己的需求，也是打造庭院的一小步。植物每天都会生长，所以没有固定形态，庭院则是植物生长累积的成果。

木桌和长椅周围的地面，以树皮垫材铺满。将古董门板和木材像墙壁一样排列在周围，可提高庭院的私密性。由于是露天庭院，因此种些高大的植物也没问题。摆上几张黄色、蓝色的铁椅，增添一点色彩，可以成为庭院的亮点。很难以植物来提高色彩丰富性，所以利用家具来调整是最恰当的。

彩旗是绿手指和品牌 8yo 联名合作的商品。挂上彩旗后，只要微风一吹便轻轻飘扬，为庭院增添不同的风情。写有数字的红色小物件是在洛杉矶的跳蚤市场购入的，相当引人注目。花盆则直接使用原本的容器，与木桌完美融合。

居家布置

本篇将介绍窗台和床边等空间的布置技巧。不论植物的形态、种类及小饰品如何挑选，只要抓住各种风格的重点，便能拓展空间的维度。风格改造可以先从运用部分技巧开始，再试着打造自己喜欢的居家布置。特别是狭小的闲置空间，合理利用后的效果尤其出众。

随意堆放的木箱为整体氛围增添动感。鹿角蕨或长寿花等强韧有力的植物悬吊在窗帘轨道上，更展现男性风格。通过贴满串珠的动物头骨、纳瓦霍织物等民族风装饰品，为空间增添适度的野性。不单以植物布置，装饰有趣味感的小饰品，也能增添独特氛围。

居家布置

将外文书立在花盆前，营造出宛如花盆的效果，植物选择会开花的种类，为空间增添色彩及风情。为了配合花朵，其他植物挑选了叶片带斑纹的品种。窗边的植物，叶片纹理在光线的照射之下更加明显。为了避免过于繁杂的形象，我以深色系的植物来中和整体色调。此外，只要将木箱倒过来放，就能轻易改变整体布置。

使用背包或复古帆布袋子当作花盆的装饰技巧，本书已介绍多次。或许有不少人会认为：花盆只能是陶制或塑料的，其实只要换件容器，一个步骤就能打造出有特色的装饰品，这个相当简单的点子，请一定要试试看。

床罩和床边的小饰品都选用了蓝色系，展现出男性风格。床头柜上的"Z"字母摆件，手绘帆布包，加上窗边用作花盆的印有文字 logo 的袋子，自然地打造出卧室风格的统一感。衣帽架上挂着的帽子，可作为布置的亮点。清楚展露出来的衣帽架，正好呈现出层次感。

居家布置

床边 2

将工装大衣和格纹长款大衣挂在衣帽架上，可增添丰厚感。为了配合床罩的图案，我选择了带粉红斑纹的观叶植物来搭配整体色调。以色彩和花纹表现玩心的布置风格，在选择装饰品时，简单的造型就能增添亲切感，而且不会造成冲突。同时也将时钟、花盆、相框等白色、金色的小饰品，放入柜子中做装饰。

居家布置

将作为主树的大型观叶植物放在床边，沿着天花板伸展的枝叶有着强烈的存在感。因此，放在柜子中的饰品最好选择造型简约、风格利落的物品。轮廓分明的铁丝灯罩与植物相互衬托，形成张弛有度的层次感。若房间仍有空余的角落，不妨试着改造一下吧。

居家布置

床边 4

整体规划同上一个场景，但是更换了主要的大型植物后，整个风格就会截然不同。留白的墙面以空气凤梨和帽子装饰，将空间填满。由于房间内有图案的物品很多，植物就选择了叶子纤细不抢眼的品种。房间的风格会因物品色调的变化而完全改变，植物也要随之选择协调的色彩和外形。

从平房搬至两层独栋后，为了将这间与之前完全不同的新居，打造成自己和爱犬都能舒适生活的空间，从墙面颜色、照明灯具、织品、家具到小装饰物，都是川本谕从零开始挑选布置的。川本谕挑选了哪些部分作为布置的重点呢？看看以下的介绍吧。

从平房到新家

以前我住在老旧的平房，现在是两层独栋，从外观来看，完全不一样。看房时，我就对贴满瓷砖的西式厨房和浴室一见钟情。还有就是，对我来说一定要有庭院，即使小一点儿也无所谓。有一个能和爱犬索隆共享的空间是很重要的。这栋房子有很多窗户，照射进来的阳光让我非常满意。不过住进新房后，却觉得爬楼梯是件麻烦的事。下次想选择没有楼梯的房子。撰写《与植物一起生活》时的住处，和之前居住的房子都是平房，所以不太习惯楼梯。事实上，我偶尔也会直接睡在一楼的客厅。

从零开始改装新居

首先，从壁纸的颜色开始着手。白色壁纸虽然很漂亮，但日式风格太强烈，同时全白也显得无趣，于是我便抽空前往壁纸店挑选。到了壁纸店才发现，竟然有4000多种类型！虽然很难做决定，但也挑得十分开心，还可以拿样品回家，真是令人高兴。各个房间壁纸的颜色，不是根据要打造的风格挑选出来的，而是根据原本客厅的颜色，抱着"想试试这种颜色"的想法挑选出来的。每次先挑选两三种颜色，再一一决定。例如卧室想打造成能够放松安眠的空间，那就选择紫色系。不过该从中选择哪种颜色，还是要先带样品回家，实际搭配才能决定。通过改变墙壁的色彩，房间的风格也会发生巨大变化。我想，只在一面墙上贴壁纸应该很有趣。使用无痕壁纸，或是用大头针把一块布固定在墙上，都是我很推荐的方式。因为这次我很想挑战壁纸，就不以刷油漆为主了。在国外时，自由涂刷墙壁是件理

白色的大门与铺着灰色地板的玄关（左图）。穿过走廊后，右手边就是有着大型窗户的客厅餐厅（中图），左手边则是宽阔的厨房（右图）。这间看着之下很普通的房子，通过川本谕的巧手，玄关外改成灰色墙面，并铺上了复古瓷砖，客厅餐厅的墙面则贴上了怀旧的橄榄绿花纹壁纸，窗台的墙面选择了褐色壁纸，进入厨房更刷上

所当然的事，但在日本就比较困难。日本的房子大多是白色墙面，可能看起来会过于单调，这时使用壁纸就是一个很好的办法。

挑选装饰品和小物件

这栋房子的装修重点，在于平衡时尚家饰与古典家饰。如何将两者以适当的比例布置，是最大的难题。看起来时尚的墙壁色调和装饰物的配置方式，都是深思熟虑的结果。此外，规划观赏植物时，先准备几样如木箱或凳子等物件，或是其他可以展现立体感的物品。若是一口气完成所有布置，准备工作很多，心理负担也会很大，慢慢建构想法，从必备物品开始准备才是最可取的。选择装饰物时，请将壁纸或墙面配色当作必备物品之一来考虑。例如我在纽约的房子，首先我想放一组海军蓝色沙发，因此便以沙发为基准来思考，然后觉得，芥末黄色的墙面一定很适合这组沙发。相反，如果想要薰衣草紫色的墙壁，就从该配什么颜色的沙发，哪张桌子比较适合的角度来思考。妾着，再挑选适合搭配该空间的植物，一步一步思考相关的物品，创意的灵感也会拓展开来。毫无目的地空想，什么都决定不了。先从一样物品下手吧，我在进行居家布置时，一直都是这样思考的。

今后的装修计划

我很满足于目前的状况，因此增添家具、装饰物，或改变配置之类的事情，或许会随着心情或季节变化再考虑。举例来说，我想将窗台的边框改成木框，再换一下插座的盖板，搜集更多精致的装饰配件，展现房子的层次感。有时间的话，接下来想改造这些地方。

本书封面的拍摄地点——铺满奶油色瓷砖的浴室，也是这栋住宅中我非常喜欢的空间之一。原本和墙壁铺着相同瓷砖的地面，换上了从法国购入的复古瓷砖，更添色彩。窗边摆放了一排植物，显得十分可爱。

从客厅就可以看见庭院（左图）。二楼是卧室（中图），以及我不可或缺的置鞋间（右图）。原本灰暗的庭院，大刀阔斧地以旧木材和古董门板围成一方小天地。小小的空间通过改造，也可产生巨大改变。卧室以壁纸改换色调，以帷幕布作为窗帘，为光影带来变化，置鞋间则把木箱当作柜子，营造出完全不同的风格。

民生東路五段
69巷2弄
10 二樓
松山區

民生東路五段
69巷2弄
10 三樓
松山區

PLANT

22-11

LA

GUERRILLA PLANT
in ASIA

東路五段
巷4
eng E Rd. Sec.5
69 Alley 4

PLANT

GUERR

ILLA
in ASIA

上張貼廣告

ILLA PLANTS
in ASIA

GUERRILLA PLANTS
in ASIA

PLANTS

GUERRILLA PLANTS
in ASIA

36

361
3.6.1

第二章

GREEN FINGERS INSTALLATION IN CHINA & JAPAN

关于中国台湾和日本各地的绿手指

绿手指的装饰艺术

川本谕借由植物而诞生的装饰艺术风潮,不只在设有店铺的东京和纽约,甚至在世界各地都产生了巨大影响。这次走访了中国台北市的下北泽世代、富锦风浪、61NOTE 三家店,以及日本富山县的 FOREMOST。川本谕汲取了各家店和品牌的概念、氛围,拓展出更多可能性,接下来请欣赏川本的表现力。

下北泽世代
（Shimokitazawa Generations）

位于台北市龙山寺站附近的下北泽世代，
是集画廊、书籍杂志、独立出版物、自出
版物（ZINE）于一体的复合式概念书店。
老板莫尼克曾受邀至诚品书店举办展览，
有着备受肯定的审美品位。何不走访一趟，
看看台湾艺术家推崇的艺术精品。

台北市中正区和平西路二段 141 号 2 楼之 1
营业时间：13:00~20:00
电话：+886（02）2314 5650
脸书主页：shimokitazawa.books

和煦阳光照耀进室内，时光的流逝仿佛也变得缓慢起来。挂在窗边的方格网架上放着明信片、信纸和喜爱的杂志。植物很适合搭配书本、明信片，可以自然地增添在装饰布置中。

新发现的下北泽世代简约而利落，店内有许多日本艺术家的作品，也经常开设由独立出版作品衍生的小型展览。店名中的"下北泽"，正是因为店主喜欢日本的下北泽地区而命名的。

以深绿色、充满男性气息的植物搭配黑白摄影集。只要降低放置在旁的书籍的色彩饱和度，就能打造出时尚的氛围。此处用来摆放植物的容器可以选择木箱、珐琅瓷盘等，都很适合。陈列时做出高低差，可以营造动态感。

在素烧陶制花盆外手绘一些文字，可以增添色彩。用电灯泡、大象等小摆件搭配植物，可以展现此书架想要诉说的想法，打造出令人不禁想靠近一探究竟、带有玩心的设计。放置在上层、枝叶垂落的植物，体现柔和舒缓的自然感。

富锦风浪 （Fujin Swell）

富锦风浪是一家位于台北富锦街的男性服饰概念店。
从时尚衣饰到生活用品，店内集合了许多高品位的单
品，可以说是台湾"时下"流行的发源地。店面设立
在树木茂盛得宛如绿色隧道的主要道路上，迎着凉爽
的清风，大落地窗令店内沐浴着温暖的阳光。

台北市松山区富锦街 479 号
营业时间：12:00-20:30
电话：+886（02）2765 6250
网址：https://instagram.com/fujinswell

无论是由外往内还是由内往外，都能欣赏到店铺的绿意。从不同的角度看，能够欣赏到各种变化，仿佛要虏获行人们的目光。川本谕竭尽所能地网罗了多种植物，将店铺打造成一件充满立体感的艺术作品。

富锦风浪的装饰品，由当地购入的植物和小物件组合而成。将老旧的木箱摞起用作柜子，以错落有致的高低设计展现层次感。刷有黑板漆的那一面，以手绘文字点缀。

在古董缝纫机的踏板上，放上铺有土壤的木箱盖子或珐琅瓷盘，不仅完美地与整体融合，还带了些许颓废元素。由于是男性时尚概念店，因此不宜走可爱路线，而是以展现男性气概的粗犷风格为商店主题。

61NOTE

临近台北市中山地铁站的 61NOTE，是一间集合了店主东先生精选商品的杂货店。商品均为东先生实际使用且喜爱的物品，不仅用起来得心应手，也能品味物品的历史以及更深层的价值。店内除了杂货区，还设有咖啡厅和展示间。不断延伸的空间，紧紧抓住了顾客的心。

台北市南京西路 64 巷 10 弄 6 号
营业时间：12：00-21：00（周一公休）
电话：+886（02）2550 5950
网址：http://www.61note.com.tw

利用楼梯来装饰布置，很容易表现出立体感，是装饰空间时特别有趣的重点。植物不单可以放着，还可以悬吊。TEMBEA 品牌的帆布包可以悬挂起来当作花盆，雷德克（REDECKER）的铁锹则当作饰品装饰。

向下延伸的楼梯，上方狭窄的平台上摆满了小小的盆栽。向上生长的植物和向下垂落的植物交互摆放，呈现出不过于严谨的随性氛围。

Copper sponge

Cleans extra thoroughly and gently

For pots, pans, sink, stove, glass,
high grade steel, etc. Removes layers of rust
from cutlery. Ideal also for bikes, cars,
motorcycles, and many more.

Made in Germany

为了展现雷德克刷具的帅气风格，在拍摄时加入了观叶植物和空气凤梨。各种颜色并列在一起的 TEMBEA 品牌帆布包十分可爱，在包之间穿插着不同种类的观叶植物，更加强调缤纷的色彩。

FOREMOST 富山店

位于富山县富山市中央大道的古着店FOREMOST，
除了售卖来自美国的古着，还有全新的牛仔服饰，
以及品牌联名商品。来访顾客一致将这家店誉
为名店的原因，在于服饰有着肌肤能直接感受
到的高级触感，此外，老板渊博的知识和人人
都认同的品位也是一大吸引力。商品品类也很
丰富，绝对令人成为这间店的忠实顾客。

以秋冬风格为主题的装饰：橱窗展示着由植物和手绘画
组合而成的生活态度。植物和复古风格十分相搭，小物
件搭配老旧的卡车或木箱，能够演绎更浓郁的秋冬氛围。

富山县富山市中央大道 1-3-13
营业时间：10：30-19：00（周三公休）
电话：076-492-8634
网址：http://foremost.jp

我与 FOREMOST 店铺的老板根本先生商谈联名合作
T 恤的事宜。收银台上面的天花板插满了干花，显
示出深沉稳重的风格。

以前装饰绿手指店面时手绘的黑板画。在打造
FOREMOST 的橱窗时，部分深受根本先生喜爱
的物品，便直接把它们留在店里当作装饰。

将鲜花和干花像植物标本一样贴在白墙上，看起来就像一幅画。地面空余之处以黑色皮靴铺满，展现粗犷的风格。

放在店内展示的绿手指样品围裙和背包。使用越久越有风味的布料，以及百搭的简约设计，我自己也相当爱用。

《美式风格手记》
举办出版纪念活动

为纪念系列作第二册《美式风格手记》出版，川本谕在弗里曼斯运动俱乐部东京店（FREEMANS SPORTING CLUB-TOKYO）地下一楼的餐吧举办了出版派对，同时展示该书的摄影作品。沿鹿头标本的周围插上植物，做成花环。窗户上方的墙面，将叶子如艺术品般一片片贴上作为点缀，让原本单调的空间丰富不少。会场内展示了在纽约拍摄而未公开的照片，十分有美式风情。

○弗里曼斯运动俱乐部东京店

东京都涩谷区神宫前 5-46-4　Lida Annex 表参道

第三章

WORKS OF GREEN FINGERS

绿手指的作品

绿手指参与的活动

本章以前作《美式风格手记》出版派对为前提，将介绍包括举办于丸之内图书屋的各项展览、店面设计、品牌联名合作等，都是川本谕亲自经手的工作。结合来自各界的需求与自己的品位，漂亮地呈现出委托者的想法，他以敏锐的美感和高度感性的认知，接连不断地完成了我们从未见识过的作品。他一面吸收新的灵感，一面与时俱进地拓展思维，想必川本还蕴藏着许多未知的可能性。

川本谕丸之内图书屋 "隐秘花园" 展

2014 年 12 月 17 日至 12 月 28 日，新丸大厦 7 楼的丸之内图书屋艺文空间举办了川本谕的圣诞展览。以 "隐秘花园（HIDDEN GARDEN）" 为名的展览绿意盎然，川本谕将空间打造成隐身在都会中的花园。展览上，植物从各种角度被展示布置。例如在桌面大胆地摆放植物，仿佛将空间的一隅打造成一个小巧的庭院，十分有震撼力。此外，为了纪念《美式风格手记》出版，川本谕也同步举办了新书签售会。

○新丸大厦 7 楼 丸之内图书屋
东京都千代田区丸之内 1-5-1 新丸大厦 7 层

《美式风格手记》代官山茑屋书店
出版纪念展

为了纪念《美式风格手记》的出版，在代官山的茑屋书店建筑设计区，川本谕将一整个书架布置为展示区。纵横交错、富有立体感的布置，不仅展现在书架上，更为书店打造了一处植物艺术空间。书店也同时出售川本谕之前的作品，以及收录了川本谕专访的杂志。

○代官山茑屋书店
东京都涩谷区猿乐町 17-5

糙米，尼尔的院中回忆
（BROWN RICE by NEAL'S YARD REMEIES）

设有商店、教室、沙龙、餐厅的尼尔的院中回忆，川本谕担任了开业园艺设计的负责人。川本以创意总监的身份，负责入口和露台的植物设计。植物交织而成的舒适感，更加突显店铺静谧安逸的氛围。

○糙米，尼尔的院中回忆
东京都涩谷区神宫前 5-1-8 一层

伊势丹新宿店 环球绿色运动
（GLOBAL GREEN CAMPAIGN）

伊势丹新宿店举办的"环球绿色运动"活动展场设计，
以"思考人与自然的舒适关系"为主题，旨在推广融
入自然的新生活风格。以植物装饰废弃桌椅，演绎与
再生资源共同生活的社会关怀理念。

○伊势丹新宿店
东京都新宿区新宿 3-14-1

Taka Ishii 美术馆

原设立于东京清澄白河的 Taka Ishii 美术馆，搬迁至北参
道时，委托川本谕负责入口周边的植物设计。在白色为
基调的利落空间中，加入仿佛野生丛林般的植物，如此
有反差感的设计很是新鲜，同时也让原本简约的空间更
加亮眼。

○ Taka Ishii 美术馆
东京涩谷区千驮 3-10-11 B1

共享公园格林木购物中心武藏小杉店

川本谕为高品位、高质感的休闲品牌概念店共享公园（SHARE PARK）在格林木购物中心（GRAND TREE）武藏小杉店的开业设计了内饰布置。如标本般排列的干花包围在铁框中，预先将多余的部分修剪干净，以简约的样式，表现精致的风貌。

○共享公园格林木购物中心武藏小杉店

神奈川县川崎市中原区新丸子东 3-1135

格林木购物中心武藏小杉店 2 楼

阿格特银座店

为纪念阿格特（AGETE）银座店开业，川本谕担任了本店的植物设计。形态各异的绿植与纯白外墙相互映衬，是一个能令人感受到女性气质与内敛风格的设计。店内古典风格的木地板与家具，与植物共同形成怀旧的氛围。

○阿格特银座店

东京都中央区银座 2-4-5

联合竹子
银座店

联合竹子（United Bamboo）银座店开业两周年纪念活动。纽约街头风格的店内，以川本谕的植物艺术作为装饰。无论是以黑白色系为基调的装潢和砖瓦红墙，还是木制陈列架，都与植物完美呼应。

○联合竹子银座店
东京都中央区银座 2-2-14 Marronnier Gate 2 层

北面标准
二子玉川店

川本谕为北面标准（THE NORTH FACE STANDARD）二子玉川店的开业设计了植物装饰。考虑到二子玉川的街区特色，以及北面标准的品牌概念——使顾客置身都市也能享受户外风格的装扮，特意打造出与街区相衬的，充满野趣的绿植风格。

○北面标准二子玉川店
东京都世田谷区玉川 1-17-9

托德斯奈德独栋屋
装饰艺术

纽约品牌托德斯奈德以美式复古风格为基础，结合正装和街头风两种相异的元素，创造出适合现代绅士的服装，其概念店托德斯奈德独栋屋的（TODD SNYDER TOWNHOUSE）室内装饰正是由川本谕打造的。

○托德斯奈德独栋屋
东京都涩谷区神宫前 6-18-14

波特先生装饰艺术

男性购物网站波特先生（MR PORTER）位于纽约的门店，与日本品牌（BEAMS PLUS、BEAMS T、NEIGHBOR HOOD、REMI RELIEF、blackmeans）联名推出合作款限定迷你系列时，川本谕负责了门店的装饰艺术。川本谕使用树木、蕨类等风格强烈的粗犷植物，与服饰融为一体。

○波特先生
https://www.mrporter.com

摄影：斯蒂芬妮·艾希曼（Stephanie Eichman）　　摄影：川本谕

狩猎世界
联名设计包

狩猎世界（HUNTING WORLD）与川本谕的联名设计款。川本以"自己想拥有的狩猎世界牌背包"为概念，参与联名设计。高级皮革上的民族风图案，十分适合休闲风格的造型。

○狩猎世界

稀有组织展览

摄影：阿曼达·温切利（Amanda Vincelli）

稀有组织（RARE WEAVES）品牌的设计师哈特利·戈尔德施泰因（Hartley Goldstein）与川本谕共同呈现了一个展览。会场内也展览了绅士（GENTRY）品牌服饰造型师贾斯廷迪安（Justin Dean）、摄影师米卡埃尔·肯尼迪（Mikael Kennedy）的摄影作品。

○稀有组织　http://rareweaves.com

地下餐厅：SOSHARU
装饰艺术

介绍热门景点的网站 Melting Butter，与社交网站 Sosh 联手举办了品味现代日本食物、饮料、设计、音乐、文化等领域的午餐会。会场的装饰设计加入了丰富的日式元素，打造出使料理更加迷人的布置。

○ Melting Butter　http://www.meltingbutter.com

○ Sosh　http://sosh.com

绿手指和巴黎拉鲁斯
联名合作

来自巴黎的衣帽服饰品牌巴黎拉鲁斯（Larose Paris）与绿手指的联名合作，推出了棒球帽、五分割帽，以及白色和绿色的绅士帽，共三种类型、六种样式。照片是纽约时装周，举办发布派对时的展示。

○巴黎拉鲁斯
https://laroseparis.com

摄影：Wataru Shimosato

马德维尔　2016AW
装饰艺术

身为 J.Crew 的姊妹品牌，在美国拥有绝佳人气的时尚服饰品牌马德维尔（Madewell），2016 年的秋冬新品发表会，川本谕担任了装饰艺术负责人。虽然尚未进驻日本，但高雅、悠闲、不跟随流行的设计，仍然广受瞩目。

○马德维尔
纽约百老汇街 486 号，邮编 10013（486 Broadway NY, 10013 USA）

川本谕在纽约的新尝试之一，就是打造 GF 酒店。目前的计划是，将新租来的公寓自由布置，以艺术作品的形式
大家展示。借由设计一间公寓房，来展现川本谕自己的内心世界。基于这些经验，川本谕计划挑战更多不同的领

艺术作品般的 GF 酒店

这间房子是自己布置的，作为展示作品的公寓房。虽然除了展示之外不做也用，但朋友来纽约游玩时也曾借住过几晚。完成布置后的公寓不仅是件艺术作品，也包含着生活的意义。来参观的人、实际住过的友人，都给予了很高的评价。在《美式风格手记》中出现过的，我目前在纽约的住所

那间有着芥末黄色墙壁的公寓，希望有一天也能像这间公寓一样，变成展览的场地。所以，我正在考虑要不要搬新家呢！开玩笑的。我啊，因为想要一个能展现新风格的场地，所以打算开始找房子，将来，不止日本、美国，还想设计一些到其他国家拜访时，想要住宿的酒店。若是能设计一整栋公

寓就太棒了。除了重新布置住宿客房外，还要摆一台可出租的摩托车，将一楼改建成咖啡厅和杂货店，可以边喝咖啡边欣赏植物及古董小物件，带着悠闲的心情享受生活。希望有一天，我可以亲手装饰这样的空间。

钻蓝色的卧室令人印象深刻，通透明亮的大型窗户，也是令人瞩目的特色。角落放置了高大的盆栽，窗边和桌上则摆放着小型植物，让房间整体层次分明。

随性地摆放一棵空气凤梨，原本冷清的房间一下子就变得趣味盎然。纽约地图图案的浴帘，营造大众时尚的风格。

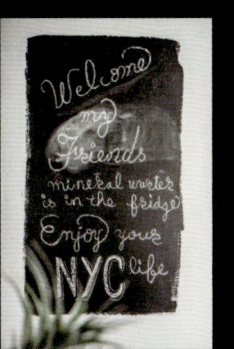

黑板漆刷出的手绘涂鸦，写着欢迎友人光临的话语。

餐厅墙上挂着手绘"GF HOTEL（GF 酒店）"字样的画作，处处充满了艺术元素。十分推荐在一定高度的收纳柜上方摆放一盆叶片垂落的观叶植物，十分生动。

第四章

THE SHOPS in JAPAN & AMERICA

・────── 关于日本和美国的分店 ──────・

在前作登场过的绿手指旗舰店、绿手指纽约店（GREEN FINGERS NEW YORK），如今皆有新的变化。旗舰店增加了"咖啡和自行车"的元素，纽约店则以绿手指集市（GREEN FINGERS MARKET）为名重新开业。融入纽约元素的绿手指集市横滨店（GREEN FINGERS MARKET YOKOHAMA）最近刚刚开业。接下来将重新介绍这些更加注重时尚风格及植物布置的店铺。经过经营门店及品牌合作等历练，川本谕风格在不断变化，不断汇集更多期待。

绿手指咖啡自行车
（GF COFFEE & BIKE）

以川本谕在纽约感受到的文化为基础，除了植物和怀旧风格的室内装修外，这家店还加入了咖啡厅和自行车改装区，翻新成更加贴近时尚风格的店铺。

○绿手指咖啡自行车
东京都世田谷区三轩茶屋 1-13-5 一层
营业时间：周一至周五 8：00~18：00
　　　　　周末及节假日 12：00-20：00
　　　　　每周三公休
电话：03-6450-9541

首先，从尝试各种类型的咖啡豆开始，在坚持质量的前提下，川本谕与工作人员共同完成了咖啡的制作。口味和香气都可按照自己的喜好来冲者，店内提供的都具低酸度，能够

店内的自行车是美国西海岸品牌莱纳斯自行车，符合绿手指店面
风格的设计，加上不属于真正的运动型自行车，有着贴合时尚风
格的外观是其一大特色。此外，店内还有许多复古风格配件可以
选购

绿手指集市

植物、家饰、杂货、复古风服饰等，川本谕希望将本店打造成能够邂
逅各色物品，并为顾客带来新发现的场所，因此取名为"集市"。

绿手指集市纽约店
（GREEN FINGERS MARKET NEW YORK）

在距离以前绿手指纽约店大概四个街区的地方，绿手指集市
重新开业了。稍微改变了一下位置，顾客的流动、周边氛围
竟变得全然不同。

〇绿手指集市纽约店
纽约利文顿大街 5 号，邮编 10002
（5 Rivington Street, New York, NY 10002 USA）
营业时间：周一至周六 12：00-20：00
周日 11：00-19：00
电话：+1（646）964-4420

本店的目标是成为前去参加派对、约会等各种场合时，都能
轻松前往并购买喜爱商品的店铺。店铺以无论何时光临都有
令人欣喜的齐全品类和商品陈列，让来访的顾客感受到新鲜与

宽阔的后院是川本谕非常喜爱的地方，也是选择
此处的原因之一。本店与服饰品牌 Maison Kitsué
共同使用，不过庭院全部由绿手指设计完成。

BAGSINPROGRESS 品牌的包、拉里史密斯（LARRY SMITH）品牌的珠宝首饰等，集结了许多高质量的商品，也是这家店的魅力之一。

绿手指集市横滨店
(GREEN FINGERS MARKET YOKOHAMA)

本店以纽约公寓为概念设计而成，植物与装潢融合的店内空间，宽广舒适，让顾客可以沉浸在复古家具、小物件与植物相互映衬的世界中，享受购物的乐趣。

○绿手指集市横滨店
神奈川县横滨市西区南幸 2-15-13 横滨 Vivre 1 层
营业时间：11：00-21：00
电话：045-314-2580

客厅区以彩旗、漂流木星星，与 SECOND LAB 合作的踏垫作为装饰亮点。

卧室区以橄榄绿色打造沉稳风格。
大胆地放置一些大型观叶植物来布
置空间。衣帽间漆成内敛的灰蓝色，
植物随性地放置在各处。

浴室区放满了个人护理用品，以雅致的铁灰色墙面搭配

店内随处可见的有品位的家具，除了灯具和桌椅外，木箱等小道具也很丰富。在餐桌上摆上一件瓶中绿植装饰品，就能营造出艺术感。

营造时尚风格不可或缺的角色——自行车，以架高悬垂的方式来展示，突出时尚感。

除了家饰类商品，其他品类从男士的修容用具、保养品，到高质量的复古风格服饰应有尽有，是一个能规划整体时尚风格的店铺。

适合当作礼物的小型多肉植物、干花花束等花草商品也令人瞩目。顾客可以同时搭配购买装饰品或家具，并思考如何与植物融合，让想象力无限扩大。

访谈
关于店铺

三家店铺成形的历程，以及未来的展望。

我在纽约生活时，深刻感受到咖啡、自行车和生活的密切关系，这对我来说是相当有意义的事。因此，我的店作为提倡时尚生活的场所，便希望能够纳入这些元素，于是我打造了绿手指咖啡自行车。我虽然常常边散步边尝试各种咖啡，但每天去咖啡厅，买些小点心……这样的生活方式要在日本生根发芽，似乎还需要一点时间。自行车是美国西海岸一个名为莱纳斯的品牌，贴近时尚风格的设计，感觉和我的店非常契合。此外，我也会将老旧的竞技自行车重新组装起来，再加上复古风格的配件，BROOKS品牌的皮制坐垫等配件也十分讲究。自从设置咖啡吧和自行车改装区后，一直得到不错的反应。不仅是植物和装潢摆饰，我希望融入自己感兴趣的事物，使店铺更有深度。

绿手指集市纽约店，是从植物到复古风格服饰，包含各种商品的"集市"。抱着"想给顾客惊喜"的心情，希望顾客能从这家店得到许多灵感，因此店内集结了多种领域的商品。"我喜欢衣服，只想把钱花在衣服上""对住的地方不怎么在意""只把钱花在食物上"等，有这些想法的人意外地很多，但我希望能传达出"多些兴趣在生活方式上也很有趣"这样的理念。因为我自己在经营这种风格的店，所以如果能有越来越多的顾客对我的风格感兴趣，我会感到很开心。之后，我也想在纽约店经营咖啡厅。设置好咖啡厅后，便想打造一个能够在店内或后院悠闲喝咖啡的空间。我会定期变换店内的商品和陈列，店面会随之不断变化。跟以前比起来，增加了一些单纯的趣味后，店面渐渐变身为一个崭新的空间。

绿手指集市横滨店作为绿手指集市纽约店之后的日本第一分店，我想将它打造成充满时尚风格的店铺。经营概念和纽约店一样，店内集结了许多有趣的元素。若是绿手指集市在日本开店，会是什么样的呢？我以此为构想，打造出一家很有意思的店。不仅有植物，还有家饰小物、复古风格物品、男性护理用品及各种讲究的商品。如果这家店在日本的评价不错，之后也会考虑在大城市的繁华地段开设门店。将一栋如同大型住所的建筑物作为店面，而且里面一定要有庭院，可以喝咖啡，吃刚出炉的面包，买家饰和衣服，这样的店非常理想。为了有朝一日能够实现愿望，我会继续揣摩构想。

第五章
IN MY MIND

萦绕我心
现今的所思所想

川本谕以东京和纽约为据点，这种往返于两大都市的生活已超过两年。其间，历经店面重新开业，在原宿举办大型展览，在其他城市开设分店等重大事件，川本谕周围的环境也在持续变化着。探索新的领域，不满足于现状，以及不断吸收各种新知的旺盛好奇心，这些都是他的原动力。今后，川本谕将通过他的双手传达出什么样的概念呢？我们请他谈了他目前的感想，以及正在描绘的未来构想。

"对于迄今为止从未注意过绿手指的人们，该怎么引起他们的注意呢？
我想创造一个契机，让他们看到我正在表现的事物，并且觉得很有趣。"

购买流行杂志的人，
也会想购买的园艺书籍

与创作第一册《与植物一起生活》时相比，我周围的环境有了巨大的变化。第二册作品《美式风格手记》出版后，工作增加了不少。在东京、纽约的分店重新开业后，来自国内外的工作更是大增，让绿手指的知名度得到了提升。第一、二册著作也发行了外文版，这点也大有影响。

书店里，不仅有来选购园艺书籍的人，很多来买流行杂志的人对这本书也有兴趣，好奇"原来有这样的书呀"？阅读了我出版过的系列作品之后，有人会回馈我"受到冲击了"这样的感想。还有人会来看我的照片墙（Instagram）主页。看到参考着我的书，用植物来布置住所的读者们，我也从他们身上受到了一些影响——想努力的心情更加强烈了。

今年（2016年）春天预计在东京办个展，而且是至今从未举办过的类型。我的计划是在展现新表现方法的同时，也能为至今从未留意过我作品的人们，创造一个让他们感到有趣的契机。

不怕失败
对于非抓住不可的机会 绝对接受挑战

除了登上《纽约时报》旗下的 *T Magazine* 杂志，也为 *GQ*、*DETAILS*、*PAPERMAG* 等杂志，以及纽约艺术图书展（NY Art Book Fair）设计了装饰艺术，并与海外知名品牌联名合作推出了许多作品。和纽约的合作伙伴聊起时，他们都说："你的动作真是快得吓人啊！"他们说根本没有人能够来纽约半年就开店。我经常在思考一件事，今后在创作作品时，半年后也好，一年后也好，如果能打造出可以让自己永远保持最佳状态的环境就好了。我希望可以表现出当下的最佳

状态。总是抱着不断追求更好的态度，我想这也是自己的优点吧。

有想做的事情时，最重要的是，要有先试试看的想法，我不太会去想失败之后的结果。只要觉得这个机会非抓住不可，我就绝对会去做。有问题的话，到时候再想怎么办就好了……说不定我不太适合当经营者呢。今后我也要以创作者的身份，尽情去做想做的事。

通过绿手指集市重新开业而注意到的事

作为一种艺术作品的展示，最近在构想绿手指集市纽约店时，"想快点呈现在大家眼前"的心情越来越强烈。作为至今未曾尝试过的新形态商店，只能不断试错，再修改调整。

新店面的位置，不知道该说是命运还是什么，真是选到了一个非常好的地方，原本是艺廊的区域竟然空下来了。在找到这里之前，我找了很久却都没有合适的地点，实在很伤脑筋。我一边寻找店面，一边在路上散步，偶然看到这里贴着空屋出租的告示。就位置上来说，店面前方就是弗里曼斯服装店（Freemans）、人气冰淇淋店Morgenstern's Finest Ice Cream，我认为这个地段非常好，便租了下来。前阵子我在看第二册作品《美式风格手记》时，也忍不住惊讶：我那时候在东村啊！在东村的店虽然也不错，不过一想到现在的店铺位于曼哈顿的下东城，就觉得自己在努力、进步。对这家店部分商品感兴趣而来拜访的客人，若是又喜欢上了店内别的商品，对我来说是件非常开心的事。此外，这家店的评价也非常好，还有客人说："你做的事真是有趣。"我不但感受到

"我认为自己必须比一般人传达更多新的事物。

知识与美感是没有尽头的,即使我成了老爷爷,也希望能够一直保有一颗学习的心。"

想做的事和自己的想法传达了出去,也感觉到随着时间推移,整体环境变得越来越好。与不同领域的人结识,生活圈不断扩大,店铺及自己本身也成长了很多,不是吗?

2015 年 10 月,绿手指集市横滨店作为绿手指集市纽约店之后的日本第一分店开业,这家店的评价也很高,让我不禁开始构想,实现脑中所描绘的未来店铺。

以独特的原创方式,运用植物,打造通往生活风格的道路

现在,与其说和我职业相似的人在逐渐增加,不如说能够将植物摆放出品位的店铺越来越多。不过就我而言,我想以不断提出崭新时尚生活方式的模式,为顾客激发灵感、创作作品,例如如何将植物融入居家布置,试着将不同的东西搭配起来等。虽然我也很重视以个展充分表现自己的想法,但是,我想尝试更多面向客户的工作,或是创作目的性更强的作品等,比如一些跨领域合作的工作。1+1 不只等于 2,我

想尝试让它变成 100。

人生只有一次,如果能让更多人看到自己的创作,真的是很开心。看了我的作品后,如果能够觉得我的风格不错,那就太好了。不必勉强,只要能思考这些东西与自己的风格搭配起来怎么样,抓住好的地方来模仿,随性轻松就好了。

作为物品及空间创作者,要时刻保有吸收新知的意识

我希望我的职业生涯能不断进步,不断展现

新的思考，因此我心里总有着"不要停下脚步"的想法。我认为无论何时都要持续学习，脑海中的东西会不知不觉遗忘，要创作新事物或设计新的空间，必须不断吸收知识。我期望在吸收知识的同时，自己能感受到"与一年前相比，自己现在的作品，真的非常棒"。因此，除了打造店面和空间外，我也想参与各种展演，想尝试设计时尚服饰，持续扩大挑战的领域。举例来说，如果一家餐厅不断变化创新，那么店主就可以从客人那儿获取反馈信息，并总结出更多经营模式，让餐厅变得更好。我不想成为只有"植物"这个标签的人，毕

竟我不是单纯的园艺师，所以我想成为谁都无法模仿的人。我想让"川本谕"这个名字成为一种职业代表。我的商品和店铺有人模仿，成为被模仿的一方虽然感到喜悦，但也认识到自己必须传达更多更新鲜的创意。

必须一直保持新感觉，这种心情写到这本书时也是一样的。我认为一味褒奖自己，觉得"自己已经很厉害了"是无法成长的，即使我成了老爷爷，也希望能持续学习下去。如果没有持续进步，一个人也会逐渐失去魅力。

ABOUT
GREEN FINGERS

关于绿手指

本单元将介绍绿手指风格迥异的九间日本店铺和美国纽约店铺。东京的旗舰店三轩茶屋店，新增设了咖啡厅与自行车改装区。纽约店则是以换址为契机，挑战集市模式的全新概念，不只出售植物和杂货，也提供享受时尚生活的方法。坚持以提供优质商品为目标，持续变化着的绿手指，请务必光临参观。

绿手指咖啡自行车

本店位于三轩茶屋幽静的住宅区内，作为日本的旗舰店，古典家具、杂货、首饰等品类相当齐全。另外，其他地方难以见到的珍奇植物也是本店的魅力之一。川本谕从纽约的咖啡厅和都市自行车品牌莱纳斯中得到启发，在店中进行改变。这是一家您每次造访都能有新发现的店铺，每天都提供种类丰富的咖啡。

东京都世田谷区三轩茶屋 1-13-5 一层
营业时间：周一至周五 8：00-18：00，
周末及法定节假日 12：00-20：00，周三公休
电话：03-6450-9541

绿手指集市纽约店

2013 年开业，作为绿手指第一家海外分店的纽约店，由于川本希望顾客能够享受集合各种店铺的集市氛围，本店铺于 2014 年重新开张，转型为集结多种品牌的绿手指集市。新店转移至洋溢着艺术与文化气息的曼哈顿闹市区，提供与植物相伴的时尚生活新点子。另外，通过店内的装饰布置，为装潢、打造空间提供灵感。

纽约利文顿大街 5 号，邮编 10002
（5 Rivington Street, New York, NY 10002 USA）
营业时间：周一至周六 12：00-20：00，周日 11：00-19：00
电话：+1（646）964 4420

绿手指集市横滨店

本店于 2015 年 10 月于横滨 Vivre 购物中心重新开业，采取了与纽约店相同的复合集市模式。店内特意打造成居家住宅，让顾客可以轻松想象与植物共同生活的生活方式。

神奈川县横滨市西区南幸 2-15-13 横滨 Vivre 购物中心 一层
营业时间：11：00–21：00
电话：045-314-2580

绿手指植物园（Botanical GF）

本店距离市中心稍远，设于氛围清静的二子玉川商业大楼 Adam et Ropé Village de Biotop 内。店内以居家园艺为主，展示各种尺寸、种类的植物，包括一些外形珍奇的植栽，也展示店家自己漆色的漂亮盆栽及杂货等商品。

东京都世田谷区玉川 2-21-2 二子玉川 rise SC 二层
营业时间：10：00–21：00
电话：03-5716-1975

绿手指集市二子玉川店
（GREEN FINGERS MARKET FUTAKOTAMAGAWA）

本店于 2015 年 11 月 6 日，在二子玉川的弗里曼斯运动俱乐部内开业。如同纽约、横滨店般集市模式的店内，搜罗了许多符合店铺风格的男性服饰用品。

东京都世田谷区玉川 3-8-2 玉川高岛屋 S．C 南馆 Annex 一、二层
营业时间：10：00–21：00
电话：03-6805-7965

GREEN FINGERS MARKET

绿手指诺可
（KNOCK by GREEN FINGERS AOYAMA）

本店的入口处宛如家饰店，在这里能发现一些配合空间氛围来布置植物的方法或创意点子。品类从种类丰富、充满个性的植物，到男性喜爱的室内植物，范围甚广。

东京都港区北青山 2-12-28 1F ACTUS Aoyama
营业时间：11：00–20：00
电话：03-5771-3591

绿手指诺可港未来店
(KNOCK by GREEN FINGERS MINATOMIRAI)

本店位于横滨港未来商业大楼中，精选的植物、杂货以及园艺工具，充实的商品让顾客逛得很开心。位置优越，与车站相连，请务必逛逛看。

神奈川县横滨市西区港未来 3-5-1 MARK IS 港未来一层
营业时间：11：00-20：00
（周末、节假日及节假日前一天，营业至 21:00）
电话：045-650-8781

绿手指诺可天王洲店
(KNOCK by GREEN FINGERS TENNOZU)

网罗各式生活小物的天王洲店，设于 SLOW HOUSE 购物中心内。入口围绕着丰富多样的植物，二楼经营玻璃盆景，可自行挑选玻璃容器及植物，创作属于自己的盆景。

东京都品川区东品川 2-1-3 SLOW HOUSE
营业时间：11：00-20：00
电话：03-5495-9471

绿手指·植物补给店
(PLANT & SUPPLY by GREEN FINGERS)

店内备有许多栽种植物的新手也可以轻松养育的植物。在这个以原创粉笔画装饰的时尚空间内，试着感受一下生活中有植物相伴的乐趣吧。

东京都涩谷区神南 1-14-5 URBAN RESEARCH 购物中心三层
营业时间：11：00-20：30
电话：03-6455-1971

绿手指工作室
(The STUDIO by GREEN FINGERS)

这家 2015 年 4 月开业的绿手指分店，以"精致产品工作室"为概念，出售川本谕以植物创作的艺术作品，以及川本谕精选的复古杂货。

神奈川县横滨市中区住吉町 6-78-1 HOTEL EDUT YOKOHAMA 一层
营业时间：7：00-10：00，11：00-14：30，18：00-23：00
电话：045-680-0238
周日公休（以餐厅营业时间为准）

简介

川本谕及绿手指

川本谕是一位提倡独特设计风格的园艺师，旨在发挥植物原本的自然美和经年累月变化的魅力。发挥自身的经营专长，他在日本开设了九家店铺，还开设了美国纽约分店。除了运用植物素材外，他也涉足百货店面的空间布置、室内设计，为婚礼品牌做设计指导等，以创作指导者的身份活跃于各大领域。近年更以独到的观点，举办了一些表现植物美感的个展和装置艺术活动，积极开拓其他领域，使植物与人类关系更加亲近。

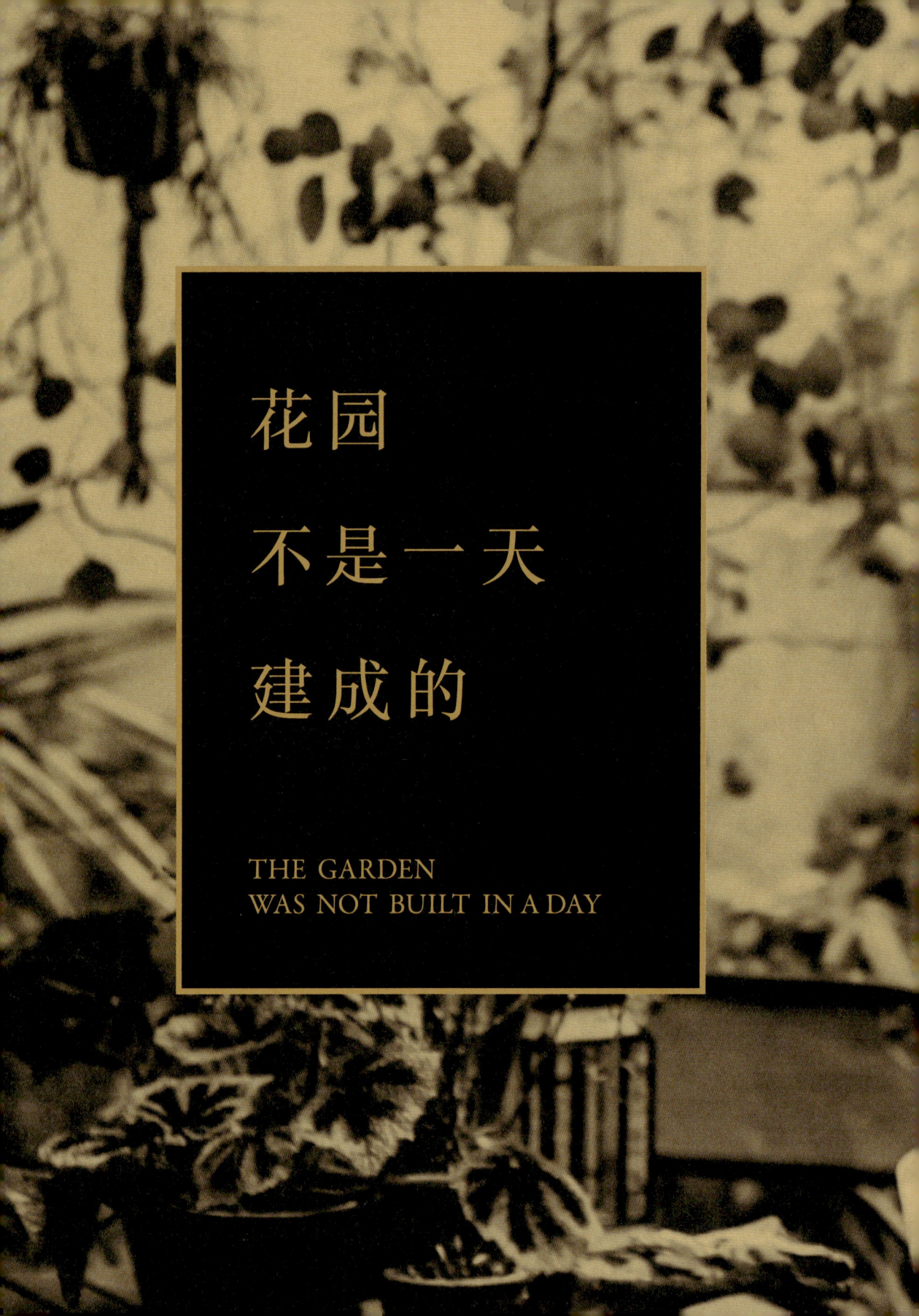

花园

不是一天

建成的

THE GARDEN
WAS NOT BUILT IN A DAY

图书在版编目（CIP）数据

日日是好日 /（日）川本谕著；陈妍雯译 . -- 北京：
中信出版社，2019.7（2019.9重印）
　　书名原文：Deco Room with Plants here and there
　　ISBN 978-7-5217-0424-2

Ⅰ . ①日… Ⅱ . ①川… ②陈… Ⅲ . ①园林植物－室
内装饰设计－室内布置 Ⅳ . ① TU238.25

中国版本图书馆 CIP 数据核字 (2019) 第 073257 号

Deco Room with Plants here and there
Copyright　　©BNN. Inc. © Satoshi Kawamoto
Originally published in Japan in 2015 by BNN. Inc.
Chinese(Simplified Character only) translation rights arranged
With BNN. Inc. through TOHAN CORPORATION,TOKYO.
Simplified Chinese translation copyright © 2019 by CITIC Press Corporation

本书译稿由雅书堂文化事业有限公司授权使用。

日日是好日

著　　者：[日]川本谕
译　　者：陈妍雯
出版发行：中信出版集团股份有限公司
　　　　　（北京市朝阳区惠新东街甲4号富盛大厦2座　邮编　100029）
承 印 者：北京雅昌艺术印刷有限公司

开　本：787mm×1092mm　1/16　　印　张：7　　　字　数：110千字
版　次：2019年7月第1版　　　　印　次：2019年9月第3次印刷
京权图字：01-2018-6817　　　　　广告经营许可证：京朝工商广字第8087号
书　号：ISBN 978-7-5217-0424-2
定　价：58.00元